AF876142

verso & cuento

La escala de Mohs

GATA CATTANA

AGUILAR

Papel certificado por el Forest Stewardship Council®

MIXTO
Papel | Apoyando la silvicultura responsable
FSC® C117695

Penguin Random House Grupo Editorial

Primera edición: febrero de 2019
Primera reimpresión con esta encuadernación: marzo de 2024

© 2019, herederos de Ana Isabel García
© 2019, 2024, Penguin Random House Grupo Editorial, S.A.U.
Travessera de Gràcia, 47-49. 08021 Barcelona
La representación de la autora ha sido gestionada por Dispara Agencia Literaria.
© Prólogo, Irene X
© Ilustraciones interiores: Don Iwana

Penguin Random House Grupo Editorial apoya la protección del *copyright*.
El *copyright* estimula la creatividad, defiende la diversidad en el ámbito de las ideas y el conocimiento, promueve la libre expresión y favorece una cultura viva. Gracias por comprar una edición autorizada de este libro y por respetar las leyes del *copyright* al no reproducir, escanear ni distribuir ninguna parte de esta obra por ningún medio sin permiso. Al hacerlo está respaldando a los autores y permitiendo que PRHGE continúe publicando libros para todos los lectores.
Diríjase a CEDRO (Centro Español de Derechos Reprográficos, http://www.cedro.org) si necesita fotocopiar o escanear algún fragmento de esta obra.

Printed in Spain – Impreso en España

ISBN: 978-84-03-52501-6
Depósito legal: B-6.035-2024

Impreso en Gómez Aparicio, S. L.
Casarrubuelos (Madrid)

AG 2 5 0 1 6

A mi familia. A mi pueblo.
A las personas justas que aún quedan.

PRÓLOGO A ESTA EDICIÓN

IRENE X

Escribiendo…

Hola, Ana.

Qué ilusión me hace escribirte. Es la primera vez que lo hago en muchísimo tiempo. Tengo tanto que contarte que el universo se me antoja un pétalo de azahar.

Es 4 de enero, otro año ha venido. ¿Te lo puedes creer? Sólo cuatro días y ya tres víctimas. Estamos luchando, Ana, compañera. Qué bien que estés con nosotras.

Este año todas nos fuimos *pa'* la mani contigo. En las camisetas, en las pancartas, en la voz, en el alma. Te llevábamos *agarraíta* en el pecho aunque pienso que fuiste tú la que nos llevaste a nosotras.

Hicimos miles de kilómetros, cantamos muy alto, muy alto. Desde Andalucía del norte a Aragón, desde Madrid a Portugal. En algún paso de cebra bajamos la ventanilla y en el coche de al lado también estabas.

Si es que, Gata guerrera, tú estás en todas partes. En los tejados, en las paredes. Estás dejando el mundo muy bonito, Ana.

Con lo feo que está, tú lo sabes. Nosotras lo sabemos; qué zarpazos más precisos a la injusticia para que la sociedad explote en colores.

Qué bien tú, Ana.
Qué revolución tú, Gata.

Mujeres teníamos que ser, ¿eh? Menos mal.

Tendrías que ver mi cara cuando María me enseñaba fotos tuyas de chiquita, ahí ya eras animalita de ojos salvajes. Ahí ya eras campo, barro, trigo, centeno, olivo y *libertá*.

Las *bitchies* nos compinchamos, Ana. Ay, cómo lo sabías... La batalla está en pie, pero contigo... Contigo esta lucha es la pasión de ser mujer, selva y limoneros. Y si nos caemos, gata tierna, tu voz valkiria nos recoge suavemente del cuello, *má*.

Nos devolviste a la lucha.

Nos ganamos un premio, Ana. Escribimos un libro para las chicas. Escribimos un libro para no olvidar el dolor y nos ganamos un premio todas.

Siempre estuviste ahí, en cada letra que escribía, en cada vez que abandonaba.

Menos mal que estuviste conmigo, Ana.

Menos mal que viniste conmigo de provincia en provincia a gritar poesía; hicimos mucho ruido. Sé que estabas ahí porque yo pude estar ahí.

De ti la fuerza, de ti el alimento, las entrañas; la idea de que hay que sacudir de una vez por todas los bolsillos del mundo.

De ti un solo grito que ensordezca por fin el miedo de ser lo que somos: hijas sembradas en la tierra.

Y antes de volver a ella haremos crecer la esperanza que plantaste, Ana. La haremos crecer contigo, por ti, en tu nombre, para todas.

De ti he aprendido a volver a la calle, a la queja, a nosotras, a mi cuerpo. Contigo me he mirado a los ojos. Contigo he llorado la emoción de mi condición. Contigo soy hembra fuerte que alimenta crías que vendrán. Contigo me hice fuerte.

Y a la depresión garras. A la ansiedad garras. Al miedo garras. Al patriarcado garras.

A este sistema: Gata.

A los cañones que nos bombardean de una belleza irreal hasta matarnos: Cattana.

Y «hasta el final», Ana.

«Nunca me sentí sola porque estábamos juntas».

Enviar.

Irene X

PRÓLOGO A LA ANTERIOR EDICIÓN

ANTONIO DÍEZ FERNÁNDEZ

Si has llegado hasta este libro puede que sea porque conoces a la autora, o porque te gusta cómo canta, cómo se lo monta. Te mola. En ese caso no necesitas prólogo, ¿qué haces aquí? Ve directamente al primer poema, lee, disfruta, relee...

En realidad los prólogos sirven para poco hoy en día: si pones el nombre de cualquiera en Google obtendrás más información de la que puedas necesitar para hacerte una idea de lo que va a suceder entre tus manos unas páginas más para allá. Si lo buscas en Youtube podrás hasta apreciar cómo habla, cómo pronuncia, cómo se mueve. Y si te acepta en Facebook ya podrás seguir su vida en directo, sus triunfos, sus bajones y sus diatribas contra el mundo, sus opiniones políticas, las fotos de sus viajes...

Con este libro, sin embargo, vas a poder ir mucho más allá: vas a leer los primeros poemas de una chica atractiva y espigada, de ojos claros y profundos y sonrisa casi permanente a la que el talento se le salía por los poros. Me cuesta imaginar —porque no la conocía entonces— a esa chica sentada en un soportal, en el banco de un parque, tal vez sentada sobre la cama de su habitación; escribiendo estos poemas como quien afila un cuchillo. Lo que sí veo son los trazos de vida, un deseo, un mundo y una verdad que contar. Cada palabra de este poemario ha brotado como una fuente.

Y es que nacer y crecer en España es estar a punto de descubrir una mentira. Y luego descubrir una mentira mayor que tapa la anterior. Por eso crecemos descreídos. La poesía que nos queda por hacer, y que Ana supongo ya intuía sería su oficio y su vocación, es la de desenterrar, desenmascarar, desacralizar, desintoxicar, desamortizar, desinsectizar y desinfectar. Y desde luego que lo hace bien: en cada verso una kata, en cada poema una katana, en cada imagen una gata. Mujer guerrera, la necesitamos.

Sobre un escenario, micro en mano, Ana brilla. Dos veces últimamente me han preguntado por poetas de hoy y mi respuesta ha sido ella. Una, un amigo que me pide el nombre de algún poeta joven que venga pegando fuerte, que no sea ridículo ni ñoño, porque está montando un recital al que va gente de nivel y quiere mostrar que la poesía que viene es potente. Otra, no sé quién, me pregunta una vez quién puede ser el futuro del *poetry slam* en este país, quién tiene una propuesta artística de poesía oral que mantenga la atención y el equilibrio necesario para este juego poético. Ya sabes mi respuesta para ambas preguntas. Pero qué más da, del futuro poco o nada sabemos. Lo cierto es que cuando Ana me pidió que le escribiera este prólogo le pregunté: «¿Por qué quieres publicar estos poemas?» Me contestó: «Para cerrar un ciclo». Así que ciclo cerrado, cierra las páginas del libro y cierras una vida, ábrela y volvemos al pasado. Incluso yo, que ya te digo que no la conocí entonces, regreso a esa época de clases universitarias, ensayos para conciertos, amistades profundas que ahí siguen y amores que, joder, parecían eternos y dónde andarán. Mientras estos poemas se escribían sucedía todo lo que nos ha llevado hasta hoy.

Porque un poema también es eso: una llave. Y la puerta que abre esa llave. Puede ser las dos cosas. O ninguna. Ahora yo tengo la llave que abre la puerta de este libro, pero el libro ya lo has abierto y no te hace falta llave. Adelante, lee.

ANTONIO DÍEZ FERNÁNDEZ,
(Fuenlabrada, mayo 2016)

A MADRID

Este domingo de reconciliación
y desagüe, de desarme,
esta tregua momentánea de recuento
y disuasión...
que no sirva de precedente.

Es verdad que estabas
más guapa que nunca,
con tu tráfico, tus lucecitas
de Navidad
encendidas desde agosto,
tu amanecer
tremendamente adictivo
por su naranja
y la contaminación.
Te sienta bien la contaminación,
esa mañana te sentaba bien,
filtraba la luz como el papel cebolla
y ese amarillento nublado
también resaltaba

el azul de mis ojos.
Tus mañanas son como las mías,
con ese rastro de pintura negra
en el contorno
y ese violeta de temprano, de ojeras,
por las secuelas de la noche ajetreada.

¿Soy yo la que se parece a ti o eres tú,
que me has estado tentando hasta convertirme
en lo que tú querías?
Este saco de ojeras y de huesos
que vaga por tus cloacas esperando
que te dé por sacarme de ahí
y me pagues lo que me debes.
Se nota que no tienes ni puta idea
de dónde vengo,
se nota que no sabías quién era
hasta que me trajiste a tus cloacas;
si lo supieras
me habrías puesto en otro sitio.

Pero da igual.
Porque mi excentricidad era inapreciable
al lado de la tuya,
mi soberbia era una canica
al lado de la tuya,
y por eso siempre me sentí
cómoda bajo tu látigo,
porque mi locura y mi crueldad
pasaban desapercibidas
y, en comparación,
aquí yo era David
y tú, Calígula.

Eres tan cínica,
eres tan jodidamente cínica,
hija de puta,
que pareces el mismo Dios,
te crees el mismo Dios, ¿verdad?
Pues he venido a darte
de tu propia medicina.
Te crees que tú administras
y repartes y partes la pana,
pero se nota que no tenías ni idea
de quién era yo antes de traerme,

y eres tú la que se parece a mí,
la que ya quisieras parecerte
un poco a mí;
ya quisieras.

Este domingo has estado muy cerca.
Pero eso:
que no sirva de precedente.

LEVIATÁN

Tú te has empeñado en buscarme
sin bombonas, a pulmón,
agua adentro una y otra,
día tras día, y ni rastro...

Primero, en el muelle,
con caña vulgar y paciencia,
mucha paciencia;
y luego, las redes, los barcos
y otros métodos sofisticados
que fuiste escogiendo
según los fracasos.

Y así, uno por uno,
todos los charcos,
las aguas pantanosas y los mares
que fueron allanados
en mi busca
te parecieron insuficientes
y seguías queriendo más,

sin importar las pérdidas
y las bajas.

Y da igual,
por más velero o por más yate
que intentaras,
por más técnica avanzada,
yo nunca fui pez de orilla.
Hubieras necesitado un leviatán.

LA ESCALA DE MOHS

Todo el mundo se vende.
Al final..., todo el mundo.

Yo me vendí por tres milímetros
de iris azul tanzanita
en cada ojo,
lo que hace un total de seis
por dos de ancho
milímetros de iris azul radiactivo,
azul *heisenberg*.

No sé si al diablo o a quién...
Porque en Cupidos no creo,
pero cambié mis veredas livianas
y el jardín de trofeos
y mis cuevas de ego sin fondo,
sin tregua ni amparo,
y esta mala fe de augurio
y el mañana, y el ahora...

por seis por dos milímetros de iris
de topacio azul
de dureza ocho
en la escala de Mohs.

Y cambié mis sonrisas infalibles,
hábilmente conseguidas,
y las ganas de los otros,

y el discurso de Gomorra
y de Artemisas en Arcadias...

En resumidas cuentas,
la heroicidad de la independencia,
la certeza de no ir viendo fantasmas
como Bécquer
y, he aquí la paradoja:
por seis por dos de pupila azul turmalina,
con algo de cobalto y de polonio,
y lo de polonio no lo digo por el color.

Al final todo el mundo...
Todo el mundo tiene un precio.

Y quién me iba a decir a mí
que después de tanto principio,
tanta ley y tanto código,
tanto juez y tanta ética,
tanto farol bien *tirao'*...,
que el mío iba a ser tan minúsculo.

Yo siempre lo supe:

Cuando me dieron a elegir
entre la gloria o la paz,
yo ya lo sabía,
hubiera elegido lo segundo.
No soy de cantares de gesta.

Y siempre releía la historia
advirtiéndole desde mis adentros,
a ver si no cometía el mismo error.
Pero nada.
Y claro,
directa al talón.

Yo hubiera elegido lo otro,
siempre se lo dije.
Hubiera muerto a los setenta
en una islita griega mirando el mar.
Al fin y al cabo la gloria no es tanto...
La gloria debe ser morirse
en una islita griega mirando el mar.
Al fin y al cabo...

¿Quién se acuerda hoy de Aquiles?
Si no es esta loca rumiante mascullando
te lo dijes.
Para eso has quedado,
para lo que quedó Troya,

para que venga ahora esta loca
rumiante mascullando *te lo dijes*
a altas horas.

Otras noches te comprendo.
Y te compadezco.
Y nos compadezco.
En cierto modo algo de razón tenías:
todo el mundo tiene un precio.

Y quién me iba a decir a mí,
quién nos iba a decir,
que el mío fuera un total
de seis por dos milímetros cuadrados
de iris tapiz de hilo persa,
azul egipcio,
Bombay Sapphire
de dureza ocho
en la escala de Mohs.

Yo hubiera elegido lo otro,
siempre te lo dije.
Aunque, en cierto modo,
puede que tuvieras razón.
Quién sabe si tenías razón.

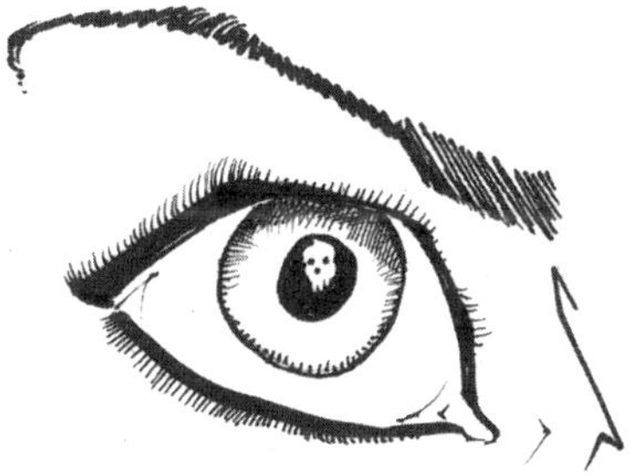

HOJITA DE MENTA

Nosotras siempre hemos sido
lo que nunca seremos.

Hemos vaciado la copa
y esputado los restos,
hemos visto a la mediocridad
vestirse de hegemonía,
hemos mirado
con los ojos soberbios,
perdonavidas,
y les hemos perdonado,
y es algo que jamás nos perdonarán.

Hojita de menta, hojita de menta,
nos columpiamos en la ignorancia,
creímos en el conocimiento
en perjuicio del *statu quo,*
elegimos la epopeya como Aquiles,
elegimos la manzana,
y eso es algo que jamás nos perdonarán.

Nosotras fuimos
de costumbres prehistóricas,
de leer junto al fuego,
el arrabal y la vanguardia,
los textos sagrados y las fisuras,
eruditas hasta la arcada,
sabiondas, repelentes
hasta la médula.

Fuimos un mucho de puta
y un poco de monja,
demasiado humanas para endiosarnos,
demasiada idea para tan poca carne,
fuimos tan del sur
que le dimos la vuelta,
fuimos tan incógnitas
que ni nosotras mismas
sabíamos muy bien.
Y por si acaso el revólver.

«Lo importante no es ser muy listo
sino ser buena persona»,
decía mi madre y después dirías tú
más mentirosa que nunca.

Nosotras quizá no éramos tan listas
pero ni mucho menos buenas personas.
Nosotras no éramos personas,
y eso es algo que jamás nos perdonarán.
Nosotras éramos los idus de marzo,
la conjura, la disidencia,
la disidencia siempre,
fuera cual fuera el autor
o el imperio.
nosotras éramos un blanco perfecto,
la plebe enardecida pedía crucificados
y ahí nosotras veníamos a dárselos
con los brazos abiertos,
alguien tenía que profanar toda esa mierda.

No eran tiempos fáciles
para nadie,
para nosotras fue como matarnos,
como la flecha en el talón,
el comienzo del nuevo siglo
y la vuelta a la Pangea.

Los humanos se reubicaban
y corrían a por los dólares, despavoridos.
Los empresarios promovían reformas laborales
y los gobiernos legalizaban la esclavitud.

Y, en medio de todo esto,
me dices que te vas,
y te vas,
y me dejas aquí con los planos sin acabar,
con los apuntes de filósofos
que dicen cosas de esas que te gustan.
Y la palabra en la boca.
Eso es lo de menos.

Lo demás es cargar yo sola
con todas esas dudas
existenciales, tripipoéticas, estrafalarias,
y escucharte contradecirme y aconsejarme
por donde quiera que vaya,
como una voz en *off*,
como un fantasma.

Dos locas siempre son menos locura
que una sola loca,
dos locas es algo más normal,
pero, ¿una loca sola vaciando la copa
y esputando los restos,
escuchando voces
y clamando al cielo,
leyendo a Deleuze
sin que tú me lo expliques
y mentándote por ahí
como una aparición?
Eso sí que no.
Eso es algo que jamás te perdonaré.

GÉNESIS

Ahí mismo,
en ese escenario se gestaron las armas biológicas
y la torre de Babel y otros motines.
Y qué gustito la arrogancia, qué gustito el desafío,
el privilegio de haber inventado el pecado,
era necesario,
era algo que había que inventar.

Moisés bajó con sus tablas
y trajo la ley; y dos minutos,
dos minutos tardaron ellos en traer
la trampa y el estraperlo,
en idear las maneras para esquivar la represalia
que caía con todo su peso
sobre el atentado de la curiosidad.

Sólo Pandora hubiera abierto esa caja
y ella era *pandorísima,*
y gustaba desatar Troyas e hipogrifos
y albergar batallas en su cuerpo;

y las cicatrices, le gustaban las cicatrices
porque siempre tuvo mala memoria.

Sólo Antígona se hubiera atrevido
a enterrar a ese muerto.
A su propia eutanasia.
Pero ella estaba en todos los entierros
y todas las misas llevaban su nombre.
En todos los bombardeos estaba
y todas las bombas llevaban su nombre;
y las palabras de su boca,
como octavillas desde el avión,
arengaban a los civiles a unirse a la rebeldía.

Allá donde ella, maniobras.
Nunca descanso, nunca paz;
siempre alerta, con un ojo abierto,
el castigo divino no se puede esquivar,
sólo aplazarlo,
contar otra luna, como Sherezade,
apuntarse el tanto,
apuntarse, tal vez, otra cicatriz.

Mientras tanto:
Bienvenidos, Luciferes,
Magdalenas y bandidos comunes,
fundaremos el club de los perseguidos
infames,
celebraremos el triunfo de la comuna,
seremos el *watchmen* de los desertores.

Seremos la prueba de la mala cabeza,
de esta especie de dictadura anárquica,
de todos los delirios de grandeza del hombre
y esta suerte de condición vampírica.

Seremos el bufón y la vergüenza,
el pasto del que se alimentan las vacas
que alimentan al sirviente
del pariente del tío que escribe la historia.

Pero sólo así seremos libres.

Sólo así.
Seremos libres.

LA PROFECÍA

No sé en qué momento.
No sé en qué maldito momento, rectifico.

No sé en qué eje
ni en qué coordenada exacta
ni el minuto preciso
en que el azul celeste
se volvió violeta,
y compadecí a Ramsés
y compadecí a Caín
y la justicia divina
se convirtió
en yugo.

Y ya nunca más
nuevos testamentos ni oraciones,
ni palomas de la paz
ni San Pancracios;
ni siquiera Vargas Llosa.

«Se desploman los mástiles
de no abanderar»,*
se desploman los mástiles
de no
abanderar.
Se retuerce la historia.

Y yo me sé todas las fechas,
todos los augurios de otros genios
son el mismo:

a la tercera del gallo.
A la tercera vez que cante el gallo
me negarás, me traicionarás.

Y así los nóbeles y los ilustres
secundaron la matanza
por treinta monedas judías.

Desde la primera rueda
hasta el dron autotripulado,
los viejos sacerdotes, los mesías,

---

* Verso de Vicente Molina Foix en «Canción de Otoño, 1975».

el *marketing* político,
y yo aquí,
entre todas las fechas,
entre todas las cifras
con nombres y apellidos
de viejos
que murmuran
sus historias
todavía con miedo.

No sé cuándo, sin embargo,
empecé a desconfiar
de los buenos buenísimos
mientras los malos malísimos
me parecían cada vez más víctimas.
Pobre Caín y pobre Eva,
¿dónde vas así, por muy DIOS, por la vida?

—¡Ana, te va a castigar el señor!

O no sé qué del karma
o de la evolución moral
y la supremacía ética del pacifismo
y el diálogo televisivo.

Las profecías.
Desde Casandra a Laoconte.
A la tercera del gallo.
A la tercera vez que cante el gallo:
Caballo de Troya.

TU OFICIO, POETA

no es almacenar palabras eruditas,
rimbombantes,
ornamentales.

No es disponerlas
en su orden yámbico,
en perfecto soneto gongorino;
ni siquiera clasificarlas burdamente
en función de la terminación y la rima.

Porque tú nunca fuiste matemático, poeta.
Tú nunca fuiste geógrafo ni físico
y no entiendes de distancias
ni unidades de medida,
y no entiendes de lógica pura
ni de leyes invictas.

Porque tú nunca fuiste científico, poeta,
y, por eso mismo,
no entiendes de estadística

ni de cuántica avanzada
ni de biopolítica
y no es tu oficio
establecer las fórmulas
del cosmos.

No es tu oficio el análisis forense
por más que te empeñes,
así como no lo son tampoco
el psicoanálisis ni la neurociencia.

Tu oficio, poeta,
es esculpir utopías
donde no puede haberlas,
acabar con la ley de la gravedad
y juntar el cielo con la tierra,
el bien con el mal,
de la forma más humana
y menos despreciable
que te permita tu especie.

Tu oficio, poeta, es dignificar la especie,
hacer que quepa la duda,
decir: «Algunos eran buenos.
Algunos no eran prescindibles».

Que mañana,
cuando hayan pasado los siglos,
se diga:
«No todos fueron Judas.
Los hubo Robin Hoodes
y Don Quijotes,
los hubo Baudelaires
y Esproncedas,
las hubo Antígonas,
las hubo Safos...
Los hubo Valle Inclanes
y Cañameros».

Que de toda nuestra obra
una parte se salve.

Que merezca la pena
el raciocinio.

Que el conocimiento
no sea una amenaza.
Tu oficio, poeta,
es dignificar la especie.
Escoger las palabras
que pondrías en tu lápida.
Decir, por ejemplo:
«No todos eran prescindibles».

Merecerte la vida
hasta tal punto
que tu muerte
parezca una injusticia.

Y dejarte ir,
como si nada,
como todos
(poetas o no),
hacia la larga
y aburrida
eternidad.

CON LAS MANOS

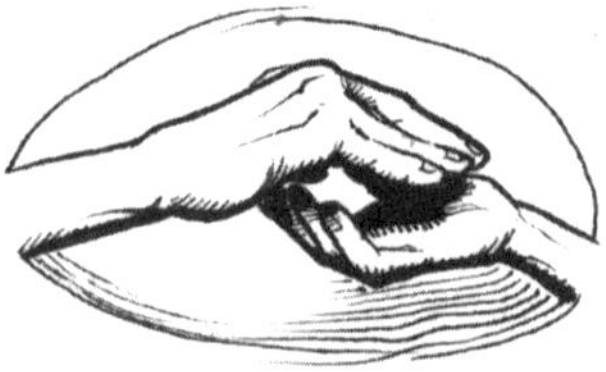

No aman de igual forma
los ricos y los pobres.

Los pobres aman con las manos.
Los pobres aman en la carne y con gula,
en las peores estampas,
en condiciones famélicas
y con todo en su contra.

Los pobres aman sin bonitos decorados.
Entienden de lunes y de tedios domingueros
y de gastos imprevistos de facturas
y de angustias que embisten mes a mes a quemarropa.

El amor de los pobres no sale por la ventana
aunque el dinero entre por la puerta
(que nunca entra)
(aunque no haya ventanas).

Los pobres han aprendido
a amarse a oscuras por eso mismo.
Han aprendido a amarse malalimentados,
malvestidos, malqueridos,
porque el hambre agudiza el ingenio
y en sus jardines también crecen las flores
(aunque no haya jardines).

Los pobres han aprendido a aprovechar
los vis a vis
entre jornada y jornada de trabajo
(aunque no haya trabajo)
y saben darse placeres nunca tasados,
de valor incalculable,
y han aprendido a disfrutar las circunstancias
y la sopa de sobre,
el viejo colchón y la cuesta de enero.

Y parece que su amor se yergue
indestructible a pesar de;
a pesar de las miles de plagas,
de los sueños frustrados
y fracasos andantes,
de las crisis cíclicas

y de hambrunas
y de guerras,
más valiente que Heracles,
más Odiseo que Odiseo.

Y parece que su amor se extiende
y se multiplica
al ritmo que se multiplican los pobres,
al ritmo que se multiplican los infortunios
y los desastres naturales que golpean siempre
en las casas de los pobres.

Y ese amor está a la altura de Urano,
a la altura de Urano y de Gea juntos,
y es la única arma que tienen los pobres
para defenderse.

Por eso han aprendido a cultivar flores
y a cantar bien sus penas,
y han inventado las mejores obras
y los mejores instrumentos.
Por eso entienden de arte
y saben encontrarlo donde lo haya,

aunque no lo haya
(que siempre lo hay).

Y han aprendido a aprovechar el carisma
y la jerga,
y a escribir poemas inmortales
sobre amores complicados,
y saben de cosquillas,
y saben de boleros,
y saben de desnudos
y de darlo todo,
que no es más que lo puesto:
las manos y la lengua,
la forma de otear al horizonte
y los cánticos en contra del patrón.

Yo siempre he amado de esta manera.

Yo te amo como aman los pobres,
y me temo
que durante mucho, mucho tiempo
esto seguirá siendo así.

DESAPARICIONES

Escribo desapariciones.
Me deshago.
Me deshilacho por todas
las extremidades.

Me desprendo de la carne,
me miro de lejos,
me desato de la gravitas
y sacrifico la lengua y la voz,
el olfato;
me mato el nervio.

Sólo es una forma de descoserse,
de desencontrarse,
de desangrarse.
Tal vez sea la mejor forma de desangrarse,
pero no más.
Fue un desastre aprenderlo,
un *des-lastre*.

¡Qué desilusión! ¡Qué desidia!
¡Qué desamparo absoluto!
Si yo sólo gobernaba la palabra;
si mi templo, la palabra,
y más epístolas que San Pablo,
si yo era purita oratoria y huesos,
si sólo discurso y polémica,
y de tanta retórica
y tanta dialéctica se volvió inocua,
perdió el sentido y el significado,
y yo misma asistí a su entierro
sin sentirme una pizca culpable.

Entre todos la matamos
y ella sola se murió.

Sólo se escribe lo que no está,
lo que ya no queda,
lo que es necesario apuntar
porque se olvida.

Yo solía utilizarla para inventar rutas y puertos,
de mensajes en botellas de ornamento y armamento,
de batallas y manuscritos para mis nietos.

Ahora sólo me deshago.
Escribo desapariciones.
La utilizo como si fuera Krókodil.
Me utiliza, me disuelve,
me desvincula,
pero sólo es un remedio paliativo,
como la religión.

Lamentablemente,
sólo es otra forma de descoserse,
de desangrarse.
Tal vez la mejor.

LA SATINE

Tu amor siempre fue
el niño amor.
El tierno amor adolescente
De «eres mi garza
y mi Helena de Troya»,
de «cuánto te quiero
y sin ti no hay más luna...».

Pero yo nunca fui Helena.
Yo nunca fui Helena y ni siquiera Penélope.
Yo nunca fui ese tipo de princesa
que espera sentada
escuchando odas a su hermosura.

Porque yo era más la Satine,
la Agripina, la Teodora de Bizancio
que administraba y quebraba imperios
con una palabra.

Porque yo era más la Salomé,
y exigía cabezas y exigía sangre
y acción en los pactos.
Exigía muestras de cosas imposibles,
y ahora me traes Saturno
y mañana te pediré Júpiter.

Todo fue divertido hasta que viste
que mi guerra jamás acabaría,
porque yo era la guerra
y la guerra era yo.
Porque llevaba la polémica en las raíces
y jamás me bastó la mera existencia.

Y entonces venían los días torbellino
en los que ponía el mundo del revés
y escupía espumarajos y gritaba profecías
como Casandra en sus peores rachas.

Venían los días estándar en que lloraba
como una niña que apenas piensa en imágenes
y pataleaba como intentando apartar semejante carga,

la nada, el sinsentido que es todo
y la responsabilidad de andar con la cabeza erguida.
Además, tú ya sabías
de mi estúpida manía de creerme la Gorgo en
Esparta,
la Cleopatra en Egipto
y la peor de las Erinias,

la novia en la boda
y el muerto en el entierro.

Y a mí siempre me ha gustado
ir a verte con los ojos de Medusa,
con los pelos de Medusa
y el lenguaje de Medusa,
a ofrecerte rituales tentadores
de pecados y manzanas
donde sólo tú sabes paliar los días estándar,
los días torbellino,
la carga.

Donde sólo tú sabes hacerme creer
la diosa de la disputa,
la Juana más loca de todas
y la Medusa más Medusa
que jamás haya visto la historia.

Y en eso te doy la razón.
Porque yo nunca fui Helena.
Yo nunca fui Helena y ni siquiera Penélope.

TEOGONÍA

El mundo no está preparado
para que tú y yo converjamos.

Ya sabes, las cosas son como son,
y están donde deben estar.
Y luchar contra esto,
desafiar las leyes,
creerse un dios y manipular
nuestro miserable destino de humanos
está penado con la dureza máxima:
el castigo eterno.

En el mejor de los casos,
pasarás el resto de tu vida convertido en araña
o saltamontes,
o en Narciso, si les pillas de humor.

En el peor,
te llamarán Lucifer
y te atribuirán todos los males

que se han cernido
y se cernirán
sobre el hombre
hasta el fin de los tiempos.
Ángel caído, rodilla en tierra.

El mundo no está preparado.
Los dioses no están preparados
y por eso conjuran represalias
y articulan mecanismos
y distancias suficientes,
elaboran logaritmos
y fórmulas ambientales para que,
en la misma medida que el agua
y el fuego,
nos hicieran mutuamente excluyentes
e incompatibles.

Muy listos.
Muy inteligentes los dioses.

Hicieron caso
a las remotas profecías
de otros siglos,

que auguraban el nacimiento
del nuevo Prometeo
y la nueva Pandora,
la nueva insurrección de los Dalitas,
en pleno año dos
después del fin del mundo
según los Mayas.
Ellos sabían desde el principio.

Ellos sabían
que si tu estrategia napoleónica
y mis bailes de Dalila
llegaran a aliarse,
temblarían los cimientos del Olimpo,
engendraríamos un poder creador
a la altura de Atón,
daríamos lugar a la segunda teogonía,
a la décima cruzada,
al desguace de todos
los conceptos inventados
por la geopolítica y la catequesis.

(Ya estoy viendo
a Santa Teresa arrodillarse,
asumir el fracaso).

Piénsalo.

Te estoy hablando de un poder
capaz de restaurar la Pangea,
un poder capaz de conciliar
a Gea con Urano,
de asesinar a Cronos.
De asesinar por fin,
definitivamente,
a ese *hijoputa*.
Ellos lo sabían desde el principio.
Sabían que si tu ira de Laoconte,
mis formas de amazona
y mi lengua viperina
llegaran a encontrarse,
cabría una ínfima posibilidad
de su derrota,
que el mismísimo Ovidio
volvería de la tumba
para contar nuestra historia.

Sabían que sí, tú y yo,
sí, tu y yo, como conjunto,
haríamos quebrar la bolsa americana
y el *petrodollar.*
Y ESO SI QUE NO.

Por eso se inventaron
las fronteras y las lenguas,
y las horas y los siglos,
y pusieron faraones que nos gobernaran
y se encargaran de evitar
el desastre;
por si algún día,
por algún casual,
coincidiéramos tú y yo.
Para que nunca tú y yo
como conjunto.
Para eso.

No me mires así.
Yo no lo inventé.
Esto ya estaba inventado.
Ya funcionaba así
cuando yo vine.

Y, sin embargo,
aún existe una ínfima posibilidad
de hacer estallar el Parnaso,
de hacerles la guerra a los dioses,
la segunda teogonía,
y que pierdan.
Que pierdan estrepitosamente.

Podríamos hacerlo.
Ya lo creo que podríamos.

Aunque nos juguemos el castigo eterno
y aunque el mundo, todavía,
no esté preparado.

EL PAR DE DOS

Estoy buscándola,
la metáfora,
pero sé donde está,
sé muy bien
dónde se esconde
la hija de puta.

La estoy buscando pero
no pienso ir a por ella,
que venga ella si quiere.
Que seguro que quiere.

Seguro que viene vestida
de otras a venderme motos
y becerros dorados,
a ofrecerme harenes babilónicos
y banquetes romanos
y lápida de mármol en Poblenou,
como hace siempre.

Ojalá tuviera una musa normal,
como las demás,
una belleza armónica,
un canto a la esperanza.
Pero la mía no,
la mía nunca,
la mía insurgente y talibana
de «el verso o la vida»,
«el discurso o la vida»,
«el partido o la vida»,
que así nunca llegarás
a ningún sitio,
(viva, al menos).
«Será mejor que la mates»,
me dicen todos.

¡Vaya dúo!
La escritora incendiaria
de los ojos de bengalas
y la musa de los achaques histéricos,
el par de dos,
el hambre y las ganas de comer
sin ganas.

La gente me lo murmura:
«Te acabará devorando».

Y es cierto, tampoco soy ciega,
veo y asumo cómo me devora
paulatinamente,
y me dejo deshacer
en ese proceso dulce y onírico,
me dejo desaparecer bajo su mandato
y ya no sé cuándo habla ella
ni cuando hablo yo,
si es que no hablamos a la vez
y nos declaramos la guerra
y recogemos a las víctimas
que se quedan esparcidas
por toda mi cabeza.

Tengo que deshacerme de ella.
Lo tengo ya escrito:
«El verso o la vida»,
«El verso o la vida».
Elegí la vida, *my darling*.

Elegí la vida y también elegí el arma,
me dolerá más que a ella la pérdida.
Le acabaré construyendo un panteón en Poblenou.

DIAGNÓSTICO

Es que es así,
muy aleatorio.

Que lo mismo un día me da
por hacer escombros
de los valles perdidos
y las plantas (nucleares)

y al otro quiero primaveras
y engendro los pétalos
y riego los campos
con semillas
de cacao
y *tempus fugit.*

Y al otro, el diluvio
y las siete plagas
y avalanchas en Alaska
y sequías en el cuerno
y al cuerno esta pretensión estúpida,

engreída, esta y todas las milongas
inventadas por el hombre
y sus secuaces.

Hasta dónde va a llegar tu vanidad,
hasta qué mítines.
Cuántos más supuestos y efigies
te quedan por sacralizar hasta el vómito.
Cuántos altares me harás derribarte
y cuántas más mentiras
autocomplacientes
irás predicando
mientras se despeñan todas
desde el monte Taigeto
y yo miro de lejos,
tan de lejos que no veo nada
más que estos cambios
que apenas se sostienen
sobre el papel.

Los otros están ahí fuera
inventando cosas, teorías y tesis
que no sirven para nada,
y yo miro de lejos.

Yo sólo miro de lejos
y, si acaso, me dejo caer
de cuando en cuando
algunas evidencias que tampoco
sirven para nada pero dicen:
«La escritura es una labor
de pretenciosos redomados,
bibliotecos y lumbreras
¡Que a dónde van profetizando qué cegueras!
Qué visiones y arrebatos que se tercien».

La escritura no esculpe.
La escritura no tiene nada que hacer
contra el granito, el hormigón y el mármol.
La historia está hecha de granito, hormigón y mármol.
Y sangre.
La escritura no tiene nada que hacer
contra la sangre.

Aunque a veces lo parezca,
aunque a veces quiera parecer sangre
y regar las arterias,
y desahogar, desalojar las pérdidas
y quebrar,

quebrar el granito el hormigón y el mármol,
Papel gana a Piedra.
Ya nunca más cimientos,
ya nunca más murallas
que romper en mil pedazos.

Ya sólo yo para romperme en mil pedazos,
como si eso
sirviera para otra cosa
que no fuera tener que volver a nacer
de las cenizas.
Mañana.

Mañana ya se verá
en qué páramos,
que un día de Greenpeace y otro de la OTAN,
unas con Caín y otras con Abel,
que tú mucho de esto pero poco de lo otro,
y mírate,
siempre te acabas convirtiendo
en lo que una vez odiaste;
a eso se le llama progresar.

Todos
como pollo sin cabeza
ocupando sus púlpitos,
sentando sus cátedras
y blandiendo sus escudos
se empeñan en controlarlo.

Pero es todo muy aleatorio.
Demasiado aleatorio.

No sé,
esa es mi hipótesis.

DIAGNÓSTICO II

No sabría describir bien los síntomas.
Es como...

Es como un pellizco que martillea
en los adentros,
que no me deja concentrarme
en las películas,
que me mantiene cansada
pero luego no me deja descansar,
que no me da tregua ni tiempo
para coger aire.

Es como una mezcla efervescente
de ansiedad y nihilismo
que vengo arrastrando
desde que era tonta.

Como una apuesta perdida
desde el principio,

como una fe ciega
de hostias profundas.

Es como el instinto
primitivo e inocente de Pandora,
que se me mete en los ojos
y se me quedan temblando
por ver lo que han visto.

Y me dura un par de días aproximadamente.
Sin comer, sin respirar,
enmudecida.
Hurgando en lo poco de humana
que me quede,
aún resistiéndome a renegar de mi especie,
jugando en el equipo adecuado
y pagando todavía las deudas de Prometeo.

No hay daños físicos aparentes,
la orquesta está dentro, pase.

¡Vea! ¡Vea!
Mire lo que le digo,
inspeccione de dónde viene

el pellizco martilleante,
la jaula de grillos,
la jauría de lobos que me aúlla dentro.

He probado de todo.
Medicina natural y alternativa.
Calmantes legales e ilegales.

Y lo único que acaso me consolara levemente
es este balbuceo débil e inconforme,
ese poema nunca escrito
la alineación perfecta,
simbiótica,
de las palabras y los silencios
que dé con la tuerca que me faltaba.

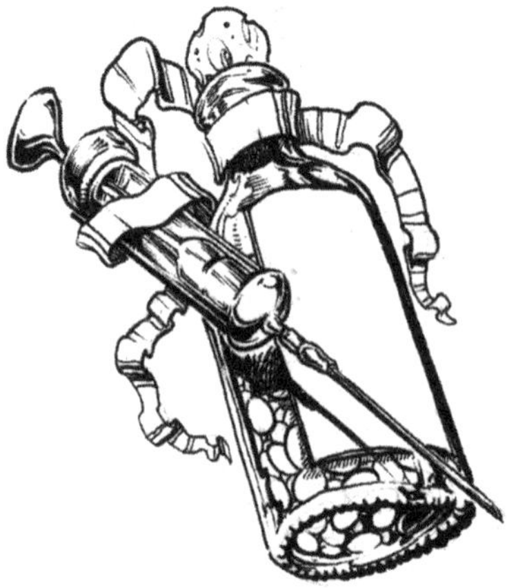

EL CIPRÉS Y LA ESPIGA

La normalidad volvió implacable,
volvió impertinente
haciendo de los lunes lunes
y de los martes martes,
de los miedos siempre
y de las noches
un anzuelo
que nunca
consigue
llegar
a tu boca.

Un anzuelo suspendido
y pendulante,
que permanece inútil
esperando humedades
y añorando Sodoma,
que recuerda otras estampas
de vaivenes desmedidos,
de tesoros encontrados

y atentados sin motivo,
y delitos y secretos
y asambleas de salón
y corralito.

En otro momento
las noches fueron útiles.

Sabíamos aprovecharlas.
Sabíamos hacer Trípoli de ellas,
Pompeya, El Cairo y Mesopotamia.
Sabíamos descifrar las lenguas
e invocar conjuros, fabricar pociones
con un poco de esto
y algo de lo otro,
alterar el orden,
implicar el caos.

Nosotros sabíamos hacer
de los martes sábados
y de las horas nada,
de la capa un sayo.

Sabíamos reducirnos a escombros
y apretar el gatillo,
traspasar la carne
y prender la mecha
que encendía las furias
y otros muchos demonios
con suma facilidad.

Nosotros, el ciprés y la espiga,
que pulsamos todos los detonadores
y desaparecimos el mundo y los ecosistemas,
y surcamos los océanos a pulmón
y a pulmón el éxtasis,
que todos los detectores de humo
saltaban a nuestro paso
y que todos los carnavales
nos resultaron tristes.

Nosotros, que hicimos
de las noches Chernóbil
y de las camas Kiev,
y de los puentes de Praga
poca cosa en comparación,
que dimos duros a tres pesetas

y pusimos la otra mejilla,
delincuentemente hablando,
y aún así sobrevivimos.

Teníamos todas las de perder
pero aún así seguíamos insistiendo
y salíamos impecables,
y no hubo Gestapo ni Stasi,
no hubo Alcalá Meco ni Guantánamo
capaz de seguirnos el ritmo;
porque cuando ellos aquí,
nosotros ya habíamos provocado
varios incendios en Groenlandia
por el efecto mariposa
y los focos se iban propagando
hasta alcanzar objetivos,
y no hubo muro
que quedara en pie,
no hubo más radares a mi nombre,
no hubo más distancia que el pellejo,
no hubo más barrotes que el orgullo.

Nosotros, el ciprés y la espiga,
que surcamos infinitos a pulmón,

y a pulmón Mulhacenes,
que estuvimos dispuestos a saltar
hasta el último momento,
que estuvimos a punto
de habernos matado,
y aun así caímos de pie
y besamos la tierra.

Y la tierra se hizo tierra.
Y los pies como anclas.
Y los kilómetros hicieron su efecto
y volvieron las lunas
y volvieron los lunes
y las noches anzuelo
y volvió la normalidad implacable
a recordarme las ojeras
y que mañana madrugo.
Y yo volví a mis papeles
y las palabras se las llevó el viento
y volvieron a funcionar las brújulas y los astrolabios
y los aviones siguieron su curso
y los mares volvieron a ser inabarcables
y los pulmones como charcas.

Y yo mañana madrugaré
y tendré las mismas ojeras,
y así todos los días
hasta que volvamos a hacerlo:
implicar el caos,
destapar la liebre,
olvidar lo expuesto

y llenar las noches
de utilidad.

REBECA DE WINTER

La Dama de las Nieves,
la Diosa de la Discordia,
la Némesis moderna
y la antigua Lilith,
de todos los cargos electa
por clamor popular,
varias veces condenada a muerte
por el defensor de los derechos humanos
y fugitiva convicta
se muestra,
quién lo diría,
débil y vulnerable,
dormida como un cachorro
en el regazo,
de nuevo en el anzuelo
de tu cama.

Debes creerte muy listo por eso.

Es como si te viera la cara a escondidas.
Como si, cuando tú te piensas que duermo,
no durmiera y te vigilara
desde mis pestañas espesas, inquietas,
con la daga debajo del colchón.

Sin embargo es verdad que duermo.

Yo, la uno con seis,
la más buscada,
la Rebeca de Winter,
la siempre perfecta e incomparable
Rebeca de Winter,
la nunca difunta Rebeca de Winter,
no me acostumbro a dormir
con un ojo abierto
y, en noches como esta, me abandono
y me descanso en ti...

Y te dejo mirar...
Y te dejo mirar
e incluso acercarte
como una gacela se acerca confiada
cuando la leona duerme.

Y por eso tú te crees menos gacela
o a mí me crees menos leona
y desafías los límites de la naturaleza
y tientas...
Y hurgas...
Y juegas a pillar.

¡A mí! A la Sadayako,
a la segunda rueda cuadrada,
a la góndola sin remo y sin Venecia,
a la gárgola sin Démona,
a la enésima gota que colma.

Cuatro veces estratega honorífica
de mi ejército de pájaros,
delegada sindical de los poetas no leídos,
abogada de los nuncas
y alta representante de la escuela cínica,
esta vez a título propio
por el simple hecho
de que están todos muertos.

No es moco de pavo.
Me gusta la ambición y tú tal vez

seas la más ambiciosa
de las gacelas.

Y es verdad que duermo.
Que duermo profundamente
y te dejo hacer y deshacer
entre mis zarpas y tu paz herbívora;
y en cada una de estas
te hago consorte,
rey de la selva,

y paseas por tus dominios orgulloso
y te muestras complaciente
y en ese vacío legal nos amamos
contra natura,
contra todo pronóstico,
contra toda ley que no sea
la de la jungla.

Y por eso,
por eso tú
te crees menos gacela
y a mí me crees menos leona.

COSPEDALES

Te vas y me aparecen Cospedales.
En serio.
Miles de ellas esparcidas por toda la ciudad,
bien repeinaditas, con falda por la rodilla
y pendientes de perla.

Y me tiro cosa de un mes
escribiendo mierda insustancial en diferido;
en forma, efectivamente de simulación
o de lo que hubiera sido en diferido;
en forma de noticia pasajera,
de anécdota, de suceso,
de lista de la compra
y de prospecto.
En serio.

Te vas y me aparecen Gallardones
con la mueca inquisidora
y el discurso de mi abuela,
persiguiéndome los gestos,

los derechos y las metas,
señalando con el dedo
y escupiéndome por puta.

Y mientras todo esto pasa, mi amor...,
mientras todo esto pasa
Rouco Varela se frota las manos.
Se frota las manos y otra cosa.

Gallardones y Roucos Varelas
se me aparecen, ¿te lo puedes creer?
En serio, desde el púlpito,
con oscuras sotanas y cuernos y rabos,
frotándose las manos y ya sabes...;
mirándome como si fuera la Eva
más impura por los siglos
de los siglos,
la Magdalena no arrepentida,
la Hipatia de Alejandría,
la Juana de Arco o la Mónica Lewinsky.

Y me parece que por todas ellas
me condenan y me parece que es justo.
Y voy a la hoguera con pasito pequeño.
Así todas las noches.

Te vas y me aparecen Montoros
y otros tipos de torturas
y reformas laborales
y nuevas esclavitudes
y medidas necesarias
para los tiempos futuros,
que se auguran, como poco,
peores, mi amor, peores.

Te vas y toque de queda
y ley mordaza y nueva censura;
y me preocupa.
Me preocupa que cuando vuelvas
ya esté prohibido ser yo
y no quede ni la mitad de lo que fui
cuando tú estabas.

Me preocupa
que ocupen la ciudad las tropas
de Cifuentes
y de Cospedales,
todas bien repeinaditas
con falda por la rodilla
y sus pendientes de perla.

En serio.
Y esto es lo que pasa siempre,
absolutamente todas
y cada una
de las veces
que te vas.

CASO EMPÍRICO

Tú siempre estás, aunque no estés.

Aunque científicos de bata impoluta,
de gesto siniestro y mirada desierta
hayan establecido las bases
y la impenetrabilidad de la materia.

Y ellos digan,
porque por decir que no quede...,
que de repente tú y yo no podemos ser
la misma cosa,
el mismo fluir transeúnte
en el mismo tiempo
y en el mismo espacio,
el mismo ego que se abraza
a cuatro manos,
a cuatro patas,
la misma angustia
que se relame los bordes.

Y aunque digan, porque lo dicen,
que de repente ahora tengo que elegir
entre tú y yo,
entre aquí y allí,
porque la materia no puede ocupar
dos espacios simultáneamente
por el principio de exclusión y todo eso.
Y que para tres dimensiones está bien,
que qué más quiero.
A la mayoría de humanos le basta.

Pero yo, soberbia desde chica y a menudo
incauta y rechistona por espasmo,
les vine a derribar la pantomima,
sus leyes insensibles y anodinas
que a nadie consuelan,
que a nadie iluminan,
con un caso irrefutable y empírico,
empiriquísimo:

Tú siempre estás, aunque no estés,
y al mismo tiempo yo también estoy aquí,
en el mismo sitio,
dejándote hacer y viceversa,

contemplando cómo caes sobre el papel,
cómo aterrizas,
cómo hablas por mí,
o desde mí,
o a través de mí;
hace ya que no distingo.

Hace ya que vengo desafiando
las leyes de la física y
hace ya que no me asusta.

Los científicos de batas radiactivas
sólo entienden de materias
y de fórmulas,
pero nada de este barro viscoso del nosotros,
nada de las nueve dimensiones,
donde tus moléculas, tus átomos,
pudieran ser los míos, pudieran confundirse,
como una frontera sin vallas;
o con vallas, pero sin cuchillas.
Los científicos sólo quieren papeles
y casos empíricos.

Por eso vine yo,
y por eso viniste tú conmigo,
aunque no vinieras.

Para demostrarle al mundo
que se puede estar, aunque no se esté.

VENDRÁN

Que no te engañen.
Vendrán, claro que vendrán,
todas las posibles alternativas
que no escogimos.

Primera del plural. Punto.

Claro que vendrán.
Harán sus apariciones estelares
en forma de oasis,
de *delirium tremens,*
de paraíso fiscal y opulencia.

Vendrán en diversas formas,
todas exquisitas, casi regaladas,
suculentas, hipnóticas imágenes
de fronteras sin dios y sin orden,
todos los caminos descartados,
todos los errores no cometidos
a pedir explicaciones.

Y traerán lenguas
como sogas al pescuezo
y retórica implacable
y discursos vencedores
incitando a arrepentirse.

Jugarán fuerte.
Subirán la apuesta.

Cuando eso pase,
llámame.
Doble o nada.
Nosotros ganamos.
Que no te engañen.

A TI NO

A ti no te escribo
porque mis poemas
no son oraciones.

Yo no hablo de mitos
ni dioses paganos.
No canto epopeyas.

A ti no te escribo.

No se esculpe la piedra
con letra de barro.
No hace honor esta jerga
a los héroes eternos.

Ni palabra en que cupiese
la grandeza de tu alma
y ensuciarla pretendiese
si decido, torpemente,
hacerla verbo.

A ti no te escribo.

CULPABLES

Aquella noche
no existe ya
más en el brillo
de tus ojos
cuando me miran,
cómplices...
En el cosquilleo
del secreto.

Estábamos hechos
de la plenitud
de sabernos débiles,
más de carne que nunca.
A sabiendas del pecado.

Culpables, culpables, culpables...

Temblando de miedo
y de pudor,
al descubrirnos

con la manzana
en la boca.

Agarrados,
como se agarra al agua;
desnudos, sucios,
esperando el castigo divino

que no llegó.
Porque Dios
se ruborizó al vernos,
el pobre...

Nos dio su perdón,
por no mandarnos
al infierno derechitos...
Nos dejó probar la miel
una vez.
Sólo una.
Sabiendo que ese
es el peor castigo.

Mostrarnos el Edén
para luego expulsarnos...

La delicia del delito
arrastrada por la culpa,
las cadenas apretando fuerte
contra nuestra dicha,
la conciencia del error.
Si existió, fue un error,
desde luego.

Pero no existe ya,
más que en el gozoso
disimulo de saber
que fuimos malos.

Culpables,
culpables,
culpables.

N18

Ellos pasan por el puente de los Franceses
igual que por Atocha,
van al manzanares,
patinan, ríen, cantan, fuman,
vuelven a su hogar
transeúntes, subterráneos,
tal vez en la línea verde o la marrón.

Yo paso por Cuatro Vientos
y sólo veo el frente,
el puente de los Franceses,
mamita mía, y los milicianos.
Tal vez yo también vuelva a mi hogar,
si lo tuviera,
antes de que el metro abra,
y bajaré hasta Cibeles
para coger el N18 hasta Casa de Campo.

Ellos no lo saben,
en la Casa de Campo, mamita mía,
montamos un muro.

Yo miro al Manzanares
con ojos de Vicente Rojo
y al metro como
refugio antiaéreo.

No veo al Ateneo como una reliquia,
aún no he enterrado a mis muertos,
cuando paso por Ventas
siempre me acuerdo de Victoria Kent.

Y así siempre en las travesías,
voy a Valencia y veo las colas zarpando al exilio
y los cuadros del Prado.
Muchas veces he estado en Plaza Cataluña
y nunca pienso en el Hard Rock Café
ni en las floristerías,
sino en la Telefónica
y en García Oliver.

Ellos no lo saben, mamita mía,
bailan, juegan, hacen turismo
los hijos del siglo XXI
sobre la última capa de tierra
del castillo de Montjuic,
velan a sus muertos
en el cementerio del Este,
que ahora es mucho más grande que entonces,
y pasean por las calles céntricas
mientras yo me disuelvo en ellas
y me vuelvo invisible
como Federico Sánchez.

Cuando me ves ahí,
entre ellos,
disfrutando el atardecer, aparentemente,
con la mirada perdida entre el Manzanares
y mis papeles, no estoy pintando un cuadro,
estoy trazando planos y *vendettas,*
apurando los últimos minutos como Miaja,
cubriendo puntos débiles y anotando bajas.

Ellos no lo saben, cuarenta años de paz
no son nada,
pero hay quien tiene memoria de elefante.

Yo lo intuyo,
las tragedias se repiten,
las tragedias se repiten como tragedias,
por eso, cada vez que paso
por el puente de los Franceses
me pongo triste.

ACUOSO

Le veía ir y venir por la habitación
mientras escribía mis historias.
Le miraba de reojo.
Una coma aquí,
un punto allá.

Todo cuidadosamente medido para conmoverle.
Silencio absoluto.
Máxima concentración.

Este adjetivo le gustaría,
esa metáfora no le honra,
qué han de merecer estos poemas.

Luego otro encuentro visual fugazmente.
Dame fuego.
Y me ofrece un azul imposible,
que no hay cielo, ni mar,
ni Da Vinci que pueda pintarlo...

Me quedo de nuevo buscando el término,
hasta qué punto acuoso.
Inventaré la palabra.
Tengo que inventar ese azul.

Antes no era así.
Escribía sin bridas
y sin duros criterios.
Me servía el lenguaje
que ya estaba inventado.

El verde era verde,
el Norte en el norte
y el Sur en el sur.

Pero un día le leí una historia.
Un día le leí una historia
que lo cambió todo.

Y por eso ahora rebusco
y extraigo el material
con el que escribí ese cuento.
Para darle más y más de eso,
en plan Sherezade

suplicando clemencia
una última noche.

Todo cuidadosamente medido para conmoverle.
No hay demasiado tiempo para el azar.
Mañana tal vez invente ese azul.

Tengo que inventar ese azul.

MALDITOS SEAN
(INÉDITO)

Malditos sean los mapas,
las coordenadas, las carreteras
y las vías de la Renfe.

Malditas las unidades de medida:
las horas, los kilómetros, los números.
Malditas sean las comunidades autónomas,
el tendido eléctrico,
las líneas telefónicas,
las conexiones automáticas
y la red virtual.

¡Malditos los poetas!
¡Maldito Salinas, maldito Machado!
Y Gustavo.
Y Federico.

Malditas las tostadas
con café por las mañanas.

Malditas las canciones
que me arrancó, los testigos.

Malditas las camas de uno cuarenta,
la prisa, el alcohol y los planes a la larga.

Malditos los pensamientos impuros,
las ideas lujuriosas y la libido.

Malditas sean también las comparaciones
y los dólares, la ley del suelo
y la burbuja inmobiliaria.

Malditas las parejas de la mano,
malditos los besos sin tapujos,
maldito el camino de vuelta.

Y tus ojos.

Y todas las cosas que me recuerdan que tú no estás.

TODO LO DEMÁS, NO
(INÉDITO)

Que sí, que todo eso es verdad.

Que portamos estandartes incendiarios
y discursos agresivos
y consignas de venganza
que dicen
muy poco de nosotros,
y que a veces da miedo pensarlo,
que vamos por ahí
con el ceño fruncido
y de nada nos sirve.

Que increpamos
y discrepamos de todo
cuanto se conoce,
por más lógica matemática
que me cuentes,
por más sentido común
que me vendas,
que no se consigue nada

Que sí, que todo eso es verdad.
Que portamos estandartes incendiarios
y discursos agresivos y consignas de
venganza que dicen muy poco de nosotros,
que a veces da miedo pensarlo,
que vamos por ahí con el ceño
fruncido y de nada nos sirve.

Que increpamos y discrepamos de todo
lo establecido, por más lógica matemática
que me cuentes, por más sentido común
que me vendas, que no se consigue

* Borrador del texto «Todo lo demás, no» manuscrito por Gata Cattana.

por esas sendas que auguramos,
día tras día, cuando la desidia
nos infla la panza.

Que no reconocemos
autoridad ninguna
y sembramos la polémica
y todo es política
y qué pesados os ponéis con eso
y Ana, hija, qué poco sabes de la vida.

Todo eso es verdad.

Que no hemos trabajado
ni un sólo día.
Lo dices como si fuera el progreso.

Lo dices como si por eso
nuestra palabra valiera la mitad
y tuviéramos que demostrar que
somos dignos del pan que comemos.

Que en qué me baso,
que la vida es así y *asao*

nada por esas sendas que auguramos
día tras día cuando la desidia nos
infla la panza.

Que no reconocemos autoridad ninguna
y sembramos la polémica.
y todo es política, y qué pesados
nos ponemos y Ana, hija qué poco
sabes de la vida.

Todo eso es verdad.
Que no hemos trabajado ni un sólo día.
Lo dices como si fuera el progreso.

Lo dices como si por eso nuestra palabra
valiera la mitad y tuviéramos que
demostrar que somos dignos del pan
que comemos.
Que en que me baso, que la vida
ahí fuera es así y asao y

y que lo que inventamos no tiene
ni pies ni cabeza,
que los libros son muy bonitos
pero son libros
y que, Ana, hija,
cuándo bajarás a la tierra.

Que te crees Don Quijota
y vas por ahí combatiendo gigantes
cuando aquí fuera sólo quedan
las ruinas de Bankia.

Todo eso es verdad.

Porque cada vez son menos
los momentos de lucidez, pero todavía
los tengo.
Y también tengo altos conocimientos
en geopolítica y me sé todo el cuento,
a ver si ahora os creéis que habéis descubierto América,
que donde manda capitán no manda marinero
y todo eso.

que lo que inventamos no tiene ni
pies ni cabeza, que los libros son
muy bonitos pero son libros y
que Ana hija, cuándo bajaras
a la tierra, ~~Por Que~~
Que te crees Don-Quijota y vas
por ahí combatiendo gigantes
pero ahí fuera solo quedan las
Ruinas de Bankia.

todo eso es verdad.

Porque cada vez son menos
los momentos de lucidez,
pero todavía los tengo.
Y también tengo altos conocimentos
en geopolíticas y sé como funciona,
a ver ci ahora os creeis que habeis
descubierto, ámerica, que donde
manda capitán no manda
marinero y todo eso.

Somos jóvenes pero no somos idiotas.

Y puede que parezca un poco de idiota
este proyecto que me encomiendo,
lo de ir por ahí huesudamente,
paupérrimamente, a lomos de Rocinante,
combatiendo a magnates que son peor
que cien gigantes,
que mil gigantes,
de los de antes,
de los que molaban.

Estamos luchando contra un invisible.
Estamos luchando en cada flanco,
contra todos, contra nosotros mismos,
porque todo es política y qué pesados os ponéis
con el temita.

Que cualquiera nos parece
un enemigo potencial
en un entorno hostil que
nos excluye,
nos ningunea la palabra
y nos aburre.

Somos jóvenes pero no somos idiotas.

Y puede que parezca un poco de idiota este proyecto que me he encomendado, lo de ir huesudamente, paupérrimamente a lomos de Rocinante combatiendo magnates que son peor que cien gigantes, peor que mil gigantes de los de antes, de los que robaban.

Estamos luchando contra un invisible. Estamos luchando en cada flanco, contra todos, contra nosotras mismas porque todo es política y qué pesados os ponéis con eso.

Que cualquiera nos parece un enemigo potencial en un entorno hostil que nos excluye, nos ningunea la palabra y nos aburre.

Nos aburre mucho,
eso es lo peor.

Y por eso arengamos paridas
y tenemos este humor tan *hijoputa*,
porque si no, dime tu a mí,
cómo se aguantan los veintitrés
en esta celda,
en esta España que rezuma desvergüenza;
cómo se aguantan los debates de primates,
del y tú más, pues tú más...,
si no es blasfemando en cada flanco,
en tanta medida como nos dejan.
Porque muchas veces pienso cosas
que no puedo escribir
y tengo que reírme yo sola,
y la gente se cree que estoy loca.

Una loca que se ríe de cosas
que está prohibido escribir.
Esa es la España que nos calza.

Por eso nos mofamos
ahora que podemos,

Nos aburre mucho, eso es lo peor.

Y por eso gritamos paridas
y tenemos este humor tan hijoputa.
Porque si no dime tú a mí
cómo se aguantan los 23
en esta celda, en esta España
que rezuma desvergüenza,
cómo se aguantan los debates
de primates, del y tú más y tú más,
si no es blasfemando en cada
flanco, en tanta medida como
nos dejan, porque muchas veces pienso
cosas que no puedo escribir
y tengo que reírme yo sola,
y parezco una loca.

Una loca que se ríe sola
de cosas que está prohibido escribir.
Esa es la España que nos calza.

Por eso nosotras nos mofamos ahora
que podemos y nos declaramos

y nos declaramos insumisos,
y enarbolamos un
«QUE SE JODAN»
tan grande que ni les cabe,
y bailamos sobre tumbas,
y vivimos en pecado
según todos los credos,
y nos gusta lo prohibido,
e incluso han conseguido
que nos guste lo que somos.

Niñatos soñadores
que inventan fórmulas definitivas,
que cantan todavía insaciables,
a pesar de los momentos de lucidez,
a pesar de que luchamos contra un invisible
y la tarea nos queda, probablemente,
demasiado grande.
Algunos todavía no han desertado.
Algunos todavía creen en una idea.

(Todo lo demás es estar muerto).

que podamos y nos declaramos
insumisos, y enarbolamos un ARE
SE JODAN TAN GRANDE que
no les quepa por el culo.
Y bailamos sobre tumbas.

y vivimos en pecado según todos
los credos, y nos gusta lo prohibido
e incluso han conseguido que
nos guste lo que somos.

Niñatos soñadores que inventan
fórmulas definitivas, que cantan
todavía a pesar de los momentos
de lucidez, a pesar de que luchamos
contra un invisible, y la tarea nos
quede grande.

Algunos todavía no han desertado.
Algunos todavía creen en las ideas.

(Todo lo demás es estar muerto.)

RELATOS

BARRABÁS

Y entonces Poncio Pilatos se dirigió
a la turba y volvió a preguntar:

—¿A quién queréis que os suelte entonces,
al nazareno o a Barrabás?

—¡A Barrabás! ¡A Barrabás!
¡Queremos a Barrabás!

Y uno de entre ellos,
sostenido por otros cuatro:

—¡A Barrabás!
¡Estamos hartos de *hippies* cuentacuentos,
de predicar mucho a sabiendas
de que papá va a salvarte;
el templo es del pueblo,
no del Dios de los judíos!

¡Queremos volver a vender en el templo
y escupir a los leprosos!
Queremos volver a la ley del Talión,
a la vida terrestre;
nos queda muy lejos
el reino de los cielos.

¡Ya está bien de milongas,
de parábolas, de nuevos testamentos
y de falsos profetas!

¡Queremos a Barrabás!
¡Queremos a Barrabás y a Bárcenas,
a Botín y a Sandro Rey!

Y otro fariseo, desde un extremo,
continuaba con el discurso:

—¡A Barrabás, sí!
Este no es más que un farsante
populista, vendehumo, embaucador.

¡En qué mundo se ha visto
que haya que perdonar
las deudas a los deudores
y donar las pertenencias
obtenidas honradamente en virtud
y de acuerdo a la palabra de Dios!

¡En qué mundo se ha visto
que haya que perdonar a las rameras
y las fornicadoras y dejarlas que se sienten
en la mesa frente a uno!

¡No es eso lo que dice Yahvé!

Yahvé jamás estuvo
en contra de los ricos,
por más que diga ese bohemio
crecepanes y repartepescados.

¿En qué parte dice que todos los desamparados
tengan que tener un techo?
¿Dónde pone que haya que curar
a los metecos y los forasteros,
a los bandidos y los herejes?

¡Estamos hartos de faranduleros y blasfemos
que toman la palabra de Dios para manipularla!
¡Estamos hartos de mesías que predican
el cambio y se inventan la historia!

¡Queremos a Barrabás!
¡Queremos a Barrabás y a Blesa!
¡Y a Sandokán y a Millet y a Jesús Gil!

Y mientras unos y otros alimentaban la ira,
la plebe ensordecida seguía gritando
y agitando los puños, hasta que ya casi no se entendía
nada entre el griterío y los aplausos.

Entonces Pilatos alzó las manos
y se hizo el silencio.
Y con un gesto muy sutil de pesadumbre
volvió a preguntar:

—¿Y qué queréis que haga pues
con el rey de los judíos?

Y, como en un acto solemne,
esta vez se oyeron todas las voces
como si fuera una sola,
como si lo hubieran ensayado,
apenas como un suave murmullo
que a coro susurraba:

—¡Crucificadlo!
¡Crucificadlo!
¡Crucificadlo!

RUDIMENTOS

De pequeña recuerdo que tenía miedo a la oscuridad.

Y es un recuerdo muy vago y muy lejano, porque
los adultos somos así, olvidamos
a las primeras de cambio
los pavores inservibles y a otra cosa.
Digamos que somos de problemática pragmática
e imaginación de subsistencia, rudimentaria.

Pero..., pensándolo bien, rebuscando...,
no recuerdo ningún otro problema de adulta
que me haya causado más insomnios,
angustias y llantos ahogados.

Era meterme en la cama, apagar la luz
y caer en el más absoluto desamparo;
sumirme en un limbo viscoso de sombras
y nonatos pendulantes,
habitado por los peores demonios
y los monstruos imposibles,

bien alimentados,
que sabían mi nombre
y pellizcaban con los ojos
y colgaban amenazas en espejos
y payasos de porcelana.

Así cogí la costumbre de dormir con la cara tapada
y con la espalda en la pared.
La idea de que me cogieran por la espalda
me aterraba.

La idea de salir de la cama
estaba descartada de antemano,
porque debajo aparecían lagunas y magmas
de raros colores, poco apetecibles.
Y en el pasillo «Verónica, Verónica...».
Y en el baño otra vez ese señor con barba,
con una cicatriz en la cara, mirándome
desde el espejo entre las velas,
como en una extraña ceremonia
para la que me estaban esperando.

Y lo peor no eran las imágenes, las visiones.
Lo peor eran las voces.
Las voces alegres, las risas
en mitad de semejante espectáculo siniestro,
los chillidos ausentes de los que vivían allí,
si es que alguien, por muy monstruo tres cabezas,
pudiera llegar a vivir allí.

Horrible. Horrible.
Sin Dios.
Sin sentido.
Como en un cuadro de El Bosco.

De ahí cogí la manía de dormir con la puerta cerrada.
Si la dejaba abierta tenía la opción de huir
en caso de ataque repentino,
pero, ya saben, el miedo paraliza.

La puerta abierta siempre daba pie
a figuras sospechosas,
destellos fantasmagóricos y cosas
que cambiaban de sitio.

La puerta abierta daba al pasillo
de los mil posibles,
de mis peores egos convertidos
en perritos y gatitos de peluche,
mirando con sus ojos disecados
desde el estante,
debajo del crucifijo
y justo al lado de la niña de *The Ring*.
Así que la cerraba y la manta hasta arriba.

De ahí aprendí a convivir con los peores espectros,
con una imaginación extremadamente avanzada,
de precisión láser, casi alienígena,
y a entablar conversación con Quasimodos
y otros seres realmente ruines.

La otra noche lo estuve pensando...

Hace siglos que no me visitan.

Le estuve dando vueltas...
En qué punto del trayecto se me perdió
este universo.

Me dio pena verme adulta,
así, de repente,
a la caverna de la imaginación rudimentaria.

Y claro, sólo pude darle dos respuestas lógicas
a mi pérdida:

La certeza de que una lamparita bastaba
para matar a esos bichos.

Y la certeza de que los peores bichos
actúan sin piedad y a plena luz del día.

EL CUMPLEAÑOS

Cuando cumplí cinco años me enteré de que iba a morir. No que fuera a morirme yo, en plan premonición, sino que todos, todo cuando conocía y amaba, iba a morir en plan genocidio.

Yo vivía por entonces en la casa de mis abuelos, que también vivían por entonces. Era una típica casa cordobesa del siglo pasado que, a pesar de la lavadora y algunos rastros de tecnología, seguía conservando en esencia la estética, los utensilios y la distribución bajo la que había sido diseñada.

La puerta de la entrada era de madera maciza y de al menos cuatro dedos de grosor. Era alta y pesada como la de un castillo y cuando yo tenía esa edad no podía abrirla sin ayuda, de hecho no pude hacerlo hasta que ya estuve bastante crecida. La cerradura era también como la de un castillo y la llave de hierro oxidado, tan grande como un mando de televisión. Por fuera la puerta estaba pintada en marrón claro y decorada con remaches que habían sido cubiertos por la pintura. Finalmente, un llamador muy pesado con la habitual forma de una mano sosteniendo una bola, que si era golpeado con fuerza se podía oír en toda la casa, incluso en lo más hondo de las cuadras y el corral.

Al entrar a la casa había un enorme pasillo con bancos y plantas a los lados. El suelo en la parte que daba a las paredes era de azulejo naranja, pero en el centro del pasillo se convertía en una especie de piedra gris, más rústica y menos resbaladiza para que las bestias pudieran entrar a las cuadras por la puerta principal sin escurrirse. Esta escena la he imaginado tantas veces que parece que la haya vivido. Casi puedo ver a mi abuelo siendo un mozo, tirando de los mulos y los caballos con mi padre detrás y entrando en la casa como una cabalgata mientras mi abuela y las vecinas los recibían al fondo. Sin embargo, por entonces aún no había nacido y cuando yo vine ya se habían ido los caballos, los gatos y los perros y sólo habían quedado las gallinas y algunas tortugas que yo iba llevando.

En torno al pasillo de la entrada estaban las habitaciones y el salón, y al final, un enorme patio con su humilde fuentecilla, pintado de blanco y cargado de plantas por el suelo y las paredes. Imagino que en otros tiempos no había sido tan bonito, sino que era utilizado para hacer las matanzas, a medio camino entre el corral y la cocina, porque esta tenía una gran chimenea al fondo y el techo estaba lleno de ganchos para curar los jamones y los embutidos. Cuando yo nací ya se había acabado la dorada época de las matanzas, gracias a Dios, aunque sí que las seguían haciendo en la finca de alguno de mis tíos y más de una vez tuve que estar presente. Sí que seguía viva la costumbre de cazar pajarillos y muchas tardes veía a mi abuela sentada en el patio frente a un gran barreño de agua caliente desplumándolos y amontonándolos hasta que se confundían en una masa azulada de carne y huesos hervidos.

Mi abuelo veía los toros en el salón y yo a veces también los veía con él embargada por la impotencia y la injusticia. Lo veía esperando el indulto. «Algunas veces, si el toro es muy bueno lo indultan y lo devuelven al campo», me decía para consolarme. Pero para mí todos eran muy buenos y ninguno se terminaba salvando, por lo que finalmente, entre la decepción y el aburrimiento, dejé de ver esos espectáculos y comencé a enfadarme cuando lo hacía mi abuelo.

La vida en el pueblo hizo que siempre estuviera en contacto con bichos y animales y que ninguno de ellos me provocara miedo o aversión, al contrario: sentía una enorme curiosidad y simpatía hacia ellos, supongo que como todos los niños de esa edad. Siempre intentaba salvarlos de las garras del hombre y rescataba ratones, pajarillos y alimañas, e incluso salvaba a todos los caracoles posibles cuando trepaban por la olla a punto de ser cocinados por mi abuela con hierbabuena y perejil.

De esta manera, implícitamente, yo ya sabía de la muerte por todos los gorriones que se caían del nido y las tortugas que fui enterrando en el corral bajo ceremonia cristiana, lo que hacía a mi abuela entrar en cólera y acusarme de blasfemia y de tontería.

Pero los humanos eran otra cosa. Jamás había visto a un ser humano morirse, no sabía que fuera posible.

El día que me enteré de que me iba a morir era mi cumpleaños, por eso sé que era mayo y cuando recreo el recuerdo en mi memoria todos los geranios del patio están en flor.

Todos los cumpleaños los celebrábamos en la casa de los abuelos y aquél año no fue una excepción. Estaban allí todos mis primos y los vecinos de la calle, todos con sus correspondientes regalos. Antes los cumpleaños eran un gran evento, los niños jugábamos en el patio probando los juguetes nuevos y esperando la piñata, y los adultos aprovechaban el encuentro para ponerse al día y tomar unas cervezas.

En aquella ocasión, como decía antes, todo se estaba desarrollando como era costumbre y yo comía mis chuches sentada en el borde de la fuentecilla, cuando apareció mi primo hermano y me preguntó cuántos cumplía.

—Cinco—, dije yo.

—Ah que bien, eres pequeña todavía. Yo ya tengo seis y es peor, porque cuando cumples veinte te mueres.

—¿Cómo que cuando cumples veinte te mueres? —inquirí enfadada.

—¿No lo sabías? Sí, Ana, todo el mundo cuando se hace viejo y cumple veinte años se acaba muriendo. Se mueren de viejos.

—¿Todo el mundo? ¿Todos nosotros?

—Todo el mundo.

—O sea que el abuelo y mamá y tú... Y yo...

Entonces asintió con una leve pesadumbre y siguió jugando con su excavadora.

Yo no lo podía creer. Me enfadé muchísimo, monté en cólera. Más bien no lo quería creer, pero algo en mí había cambiado y tenía altos indicios de que podía ser verdad. Hubiera preferido no saberlo pero ya era tarde, una vez nace la sospecha es imposible callarla. Esta sensación de indeseable certeza la he experimentado otras muchas veces a lo largo de los años y en aquel momento puede que fuera la primera vez, pero fue suficiente. Entonces me dirigí a la única persona con bastante sabiduría y conocimiento para resolver mi duda y arreglar todos los problemas del mundo. Fui a buscar a mi madre por toda la casa pero no encontraba su melena rubia entre todos los invitados y mi desasosiego iba en aumento. Finalmente la encontré subiendo la calle y me lancé hacia ella con la pregunta en la punta de la lengua.

—¿Cómo es eso de que con veinte años te mueres? ¿Vas a morirte?

—¡Claro que no! ¿Quién te ha dicho eso? Con veinte años no te mueres. Mira, yo tengo veintinueve y no me he muerto.

—Me lo ha dicho el primo, dice que todo el mundo se hace mayor y te mueres de viejo cuando cumples veinte años.

—¡Anda ya! No le hagas caso, tu abuelo tiene sesenta y seis. Es verdad que te haces viejo y cuando eres ya muy muy mayor te mueres, pero no te mueres con veinte años, te mueres con cien. ¿Sabes cuánto son cien años, Ana? Eso es mucho mucho tiempo. Un año son trescientos sesenta y cinco días ¿Eres capaz de contar hasta trescientos sesenta y cinco? Pues imagina cien años. Falta mucho todavía para eso, no seas tonta, no vas a morirte.

—¿Ni tú?

—Claro que no, yo tampoco pienso morirme nunca. Ya hablaremos de esto cuando seas mayor y sepas contar al menos hasta trescientos sesenta y cinco.

Sí, bueno, qué más dará veinte años que cien, el caso es que te mueres, pensé yo. Sin embargo, surtió efecto y me dejó más tranquila, porque yo ni siquiera sabía cuánto era un año, para mí era una auténtica eternidad. La semana que viene el mes que viene o el año que viene venían a significar exactamente lo mismo, un futuro absoluto y eterno, porque yo aún no sabía cuantificarlo ni entendía el calendario ni medía los tiempos, así que lo mismo me daba.

Desde aquel día me apresuré a descubrirlo, quería saber exactamente cuantos años, meses y días me quedaban antes de morir de vieja para que me diera tiempo a hacer todo lo que quería. La noticia de la muerte no vino sola, vino con todos los relojes a cuestas y a partir de entonces las horas tuvieron sentido. Entonces comencé a señalar los festivos y a descifrar el calendario, que se volvió verdad de repente y también se hizo aburrimiento.

Maldita la certeza indeseable, el ancla que sujeta las piernas de las almas que un día se creyeron inmortales.

Yo fui inmortal hasta los cinco años, luego ya vinieron las disputas y los reproches a Dios por haber inventado semejante mierda. Y quise matarlo, y lo conseguí una década más tarde. Malditos los partos a partir de entonces, maldito el minutero y el descanso. Malditos los cumpleaños a partir de entonces. Hay cosas que es mejor no saber.

JAZMINES

A la Gregoria le encantaba Manolo Escobar.

Cada vez que aparecía en la televisión se sentía el revuelo de las vecinas avisándola por los balcones,

—¡Gregoria! ¡Correee! ¡Manolo Escobar en La Uno!-

Al principio era fácil porque tan sólo había dos canales, ni una sola de sus apariciones se perdía. Luego las vecinas tuvieron que emplearse a fondo y repartirse los programas para que no se les escapara ninguna copla, entrevista o película del famoso galán.

Ella fue de las últimas que tuvo televisión en la calle, así que, dios sabe si por costumbre o por necesidad de compañía, cada vez que daban *Cine de Barrio* iba a verlo a casa de mi abuela, donde yo jugaba hasta tarde, sobre todo si era verano.

Era increíble el efecto que Escobar producía sobre ella, se sonrojaba como una adolescente, le salía la risilla tonta y pareciera que hubiera perdido cincuenta años de golpe. Cincuenta años, sí, en aquella época yo apenas estaba en primaria y ella debía superar los setenta y cinco, imagino.

—Ay, si yo no veo, madre mía, si con lo poco que veo no me entero de la película, pero bueno... Yo lo escucho, escucho las canciones y me acuerdo de cuando iba al cine de mocita, ¿eh, María?

—¿Qué?

—¡Nosotras! Cuando éramos mozuelas, ¿eh? Estos nuevos se creen que una nunca ha *sío'* joven, lo que pasa es que no había tantas cosas como ahora, eso no, pero, vaya, que íbamos al cine y salía una los domingos al paseo, se compraba una o dos pesetas de pistachos y así echaba la tarde.

—Eso. Y no había tanta sinvergonzonería como hay ahora, eso tampoco.

Entre batallitas, yo cogía mis caramelos y hacía recortables. La Gregoria todas las tardes ceremoniosamente nos traía un par de chicles y una bolsa de gusanitos a mi hermano y a mí, y con eso ya nos tenían entretenidos y no dábamos ruido mientras ellas comentaban historietas de otra época y chascarrillos de barrio. Quién es el muerto o quién se casa hoy era lo único que podía alterar levemente la rutina de las laboriosas semanas en el pueblo.

En aquellos días las matanzas y las comidas colectivas no eran algo extraordinario, sino lo más normal del mundo, así que, salvo esos episodios y las festividades religiosas o locales, los años devenían pacíficos y sin sobresaltos.

Había muchos niños en la calle, y viejos. Muchos niños y viejos en la calle hasta altas horas de la madrugada aprovechando el fresquito que en verano era tan necesario. En el pueblo en verano no se podía dormir del calor. Es conocido que Córdoba, lejana y sola, en agosto se convierte en una cazuela hirviendo, de manera que, mientras que de día todo el mundo intentaba dormir y evitar salir de casa, las noches en la calle Mesones eran un zoco donde primos, vecinos y parientes charlatanes sacaban las sillas y las mesas y montaban el jolgorio hasta que alguno salía gritando por el balcón.

Los niños jugábamos a todos los juegos populares que existían, y cuando ya se nos acabaron, inventamos otros mucho más maléficos que consistían en hacer travesuras por el vecindario, llamar a las puertas de las casas y entrar al casino a molestar a los ancianos que allí pasaban el rato entre copas de vino y dominó.

Pero no todo fue eso, dentro de la libertad —y libertinaje— que nos ofrecía la calle Mesones, también surgieron otras muchas formas creativas para entretenernos: montábamos espectáculos cómicos, cantábamos en los soportales y hacíamos puestecillos de hilos y pulseras que nos hacían perder más tiempo y dinero del que ganábamos, pero era divertido.

Lo único malo en el pueblo era el aburrimiento. Y aún así, ya digo que nos las ingeniábamos para sobrevivir a él. Cuando eres un niño es fácil, muy fácil; no entiendo por qué luego se nos hace tan complicado divertirnos. Las siestas eran mortales, no había nadie en la calle, nada que hacer, todo silencioso y tenías que dormir obligatoriamente. Yo no quería, yo no quería dormirme nunca, dormir también es aburrido y se lo decía a mi abuela. Ella, cansada ya de mis impertinencias me decía:

—Anda ve a *cá'* la Angelita y le dices que te dé las *entretenederas,* que te lo he dicho yo.

Y yo allá que iba, con todo el calor de las cinco de la tarde, a por las *entretenederas* a la tienda, donde era mofa de todos tal cual llegaba.

—¡Dile a tu abuela que es una pelleja!

Obviamente, las *entretenederas* no existían más que como chascarrillo para engañar a las niñas petulantes como yo.

Al día siguiente cuando le dije que me aburría me mandó a por la máquina de pelar gambas, y al otro a por los *gamusinos* a *cá'* mi tía Rafalita; hasta que ya entendí de que iba la historia y dejé de quejarme del aburrimiento.

—Vamos a por los jazmines, anda, que van a estar todos abiertos cuando los cojamos.

Siempre era el mismo ritual, primero el corral de mi abuela, que tenía sus dos o tres plantitas, y luego el patio de la vecina Gregoria, donde había un jazmín tan grande que no he vuelto a ver otro así en toda mi vida. Cogíamos todos los que estaban ya listos para abrirse y los íbamos guardando a puñaditos en el mandil. Luego, de vuelta a la cocina de mi abuela, hacíamos las reparticiones:

—Este para el abuelo. Corre, ve y se lo pones en la mesita, donde tú sabes. Este se lo subes a tu madre, este para mí, este para el niño...

Y así todas las noches podíamos dormir con los balcones abiertos, porque el aroma a jazmín espanta a los mosquitos, eso se sabe en el pueblo. Creo que en las grandes ciudades no se sabe mucho o no hay jazmines, porque no he vuelto a ver a nadie guardarse puñaditos en el mandil y disponerlos junto a su cama.

Esa es la riqueza nuestra —y digo nuestra, ahora. Será que por estar lejos he hecho mía esta cultura popular de la que tanto renegué entonces—, que las cosas se saben desde siempre porque sí y se hacen desde siempre porque sí. Antes yo me resistía a esta inercia, me sublevaba, la cuestionaba, me parecía borreguil y estúpida, a estas alturas del siglo XX y seguíamos viviendo como en el XVI, adorando a ídolos del siglo I.

Hoy lo veo distinto. La moda me parece borreguil y estúpida, la vanguardia me resulta ridícula y ni siquiera la ciencia me inspira confianza. Eso no es desarrollo, el desarrollo no es sintetizar mil principios activos y sustancias químicas hasta lograr dar con la fórmula del perfecto antimosquitos; ya teníamos jazmines. A ver si el desarrollo va a ser volverse a la caverna...

Muchas cosas: el jazmín para los mosquitos, la cebolla para la tos, la comida del huerto, el azabache para el mal de ojo... ¿El azabache para el mal de ojo? Sí, claro, y las limpiezas en candil de aceite. ¿Que por qué? Y yo que sé, pero ya no me atrevo a cuestionar la larga sabiduría de las viejas alcahuetas del pueblo; o, vamos, que me fío más de ellas que de Bayer.

No quiero ser agorera. Nunca he pensado que todo pasado fuera mejor; al revés. Tampoco he idealizado la infancia y siempre me ha parecido una etapa salvaje y cruel en muchos aspectos, al igual que el pueblo. Ni quisiera pecar de la nostalgia y la melancolía del exiliado, aunque muchas tardes me vienen flashes de aquellos días y, cuando pienso que ya no volverán jamás y que sólo podré recorrerlos de nuevo en mi memoria, algo dentro de mí se muere un poquito.

Ya casi no quedan viejos en la calle, los pocos que quedan van todos de luto. Y tampoco quedan niños en la calle, el pueblo se va vaciando a medida que la tierra no da para todos y que los años devienen cada vez más inciertos. Parece que se hubiera roto esa rica armonía, ese pacto de niños y viejos que sostenía los cimientos de la comunidad más allá de los muros. Los viejos que se mueren y los niños que ya no nacen me piden reivindicar esta riqueza nuestra, de la que tanto he renegado yo, sí, y que tanto me duele ahora que la veo moribunda y extinguida.

Gregoria, ayer salió Manolo Escobar en la tele, un Manolo Escobar que ya no cantará más, un holograma de otros tiempos en los que tú y mi abuela erais mocitas, ¿te acuerdas? Fui corriendo a decírtelo pero no pude. Tú también te habías ido ya, la casa estaba cerrada y el viejo jazmín abandonado. Hay que ver cómo es la vida, ¿eh? Veintitantos años viuda pero se muere Manolo Escobar y vas tú detrás. Cómo no lo habría imaginado.

ÍNDICE